OBSÈQUES

DE

Monsieur le comte d'AUXAIS

PAROLES

PRONONCÉES PAR

MONSEIGNEUR GERMAIN

ÉVÊQUE DE COUTANCES & AVRANCHES.

OBSÈQUES

DE

Monsieur le Comte d'Auxais

———✦———

PAROLES

PRONONCÉES PAR

MONSEIGNEUR GERMAIN

ÉVÊQUE DE COUTANCES & AVRANCHES.

OBSÈQUES DE M. LE Cᵗᵉ D'AUXAIS

Il est des hommes dont la perte n'est pas seulement un deuil de famille, mais encore un deuil public, une calamité pour le pays. Devant leur cercueil, les passions se taisent, les partis se rapprochent, tous les cœurs s'unissent dans un concert de regrets et de douleurs, si bien que leurs funérailles deviennent une saisissante manifestation et comme un triomphe dans la mort.

C'est le spectacle qu'offraient samedi dernier les obsèques de Monsieur le comte d'Auxais.

Longtemps avant l'heure fixée, une foule, venue de tous les rangs de la société, se pressait dans les salons du château et le long de ces belles avenues, création du vénéré Défunt, où il aimait à mûrir dans la solitude ses généreux sentiments et ses bienfaisantes pensées.

A dix heures, se forme le funèbre cortège, multitude imposante où le malheur des proches est, on le sent, le malheur de tous.

Les coins du poêle sont tenus par MM. le comte Daru, ancien sénateur, Gaslonde, député et conseiller général, le comte de Pontgibaud, conseiller général, et de la Gonnivière, maire de St-Eny.

Derrière le cercueil, après la famille, s'avancent, escortés de deux brigades de gendarmerie, le bureau et la députation du Conseil général à laquelle sont venus se joindre plusieurs autres membres de la même Assemblée.

Pendant le trajet qui ne dure pas moins d'une heure, un vaste silence et des gémissements mal comprimés se succèdent tour à tour. C'est à la fois pour le pays rassemblé le respect du mort et le sentiment d'une grande infortune.

A l'autel, Monseigneur l'Evêque, fidèle à une amitié de vingt-quatre ans et à tant d'autres souvenirs, apportant en quelque sorte avec lui la reconnaissance de tout son diocèse, offre lui-même pour le regretté Défunt l'auguste sacrifice, au milieu de vingt-cinq prêtres, unis avec lui dans la même reconnaissance et la même prière.

L'enceinte de l'église contient à peine la foule des hommes ; le reste de l'assistance profondément recueillie se déploie dans le cimetière.

Après la messe, Monseigneur monte en chaire, et, d'une voix à moitié brisée, traduit en termes émouvants le deuil et la pensée de tous.

De l'église au cimetière, la douleur se montre, s'il est possible, plus sensible encore.

Au moment où la tombe va se fermer, M. le comte de Pontgibaud vient exprimer à son tour l'adieu de l'amitié.

Tout est fini ; la foule se retire lentement, emportant en son cœur, avec les tristesses de la séparation, la certitude de la récompense et les radieuses espérances de l'immortalité.

Incomparable privilège du chrétien ! sa douleur n'est jamais sans consolation. S'il pleure en regardant la tombe, ses larmes se sèchent en regardant le ciel !

PAROLES

PRONONCÉES PAR

MONSEIGNEUR GERMAIN

ÉVÊQUE DE COUTANCES & AVRANCHES

LE SAMEDI 27 AOUT 1881

AUX OBSÈQUES

DE M. LE Cte D'AUXAIS

Commandeur de l'Ordre Pontifical de St-Grégoire-le-Grand,
Conseiller général, ancien Député à l'Assemblée Nationale, ancien Sénateur
de la Manche.

MESSIEURS,

En présence de ce cercueil, devant cette tombe qui va se
fermer, convient-il d'élever la voix ? Le silence ne répondrait-il
pas mieux à notre poignante douleur ? N'est-il pas à craindre de
blesser jusques dans la mort cette pudeur de modestie qui ne
supportait pas la louange ? Aujourd'hui d'ailleurs le cher et

vénéré Défunt n'a-t-il pas reçu dans un monde meilleur la louange qui fait taire toutes les autres ?

Mais la présence ici de ces hommes éminents venus de tous les points du Diocèse, cette assemblée qui se presse dans le temple saint, l'émotion profonde qui se lit sur tous les visages, les larmes qui tombent des yeux, ce grand deuil dont nous sommes témoins, est-ce que tout cela ne parle pas? Est-ce que tout cela n'atteste pas que la mort vient de frapper non pas une victime de tous les jours, mais une existence sur laquelle le pays était habitué depuis longtemps à compter comme sur une ressource précieuse et dont il admirait avec une fierté légitime l'honneur immaculé?

Avant qu'hélas ! elle disparaisse complètement à nos regards, n'est-il pas utile de fixer les traits de cette physionomie que nous entourions à l'envi de notre respect et de notre amour?

Trois mots suffiront à la peindre : le *devoir*, la *bonté*, la *foi*.

Vous connaissez tous, Messieurs, ce beau portrait de l'honnête homme tracé par notre grand orateur contemporain : « Je suis chrétien, disait-il ; et pourtant je m'attendris à ce nom d'honnête homme. Je me représente l'image vénérable d'un homme qui n'a pas pesé sur la terre, dont le cœur n'a jamais conçu l'injustice et dont la main ne l'a point exécutée, qui non seulement a respecté les biens, la vie, l'honneur de ses semblables, mais aussi leur perfection morale, qui fut observateur de sa parole, fidèle dans ses amitiés, sincère et ferme dans ses convictions, à l'épreuve du temps qui change et qui veut entraîner tout dans ses changements ; également éloigné de l'obstination dans l'erreur et de cette insolence particulière à l'apostasie qui accuse la bassesse de la trahison ou la mobilité honteuse de l'inconstance. »

Cet homme, Messieurs, nous l'avons tous connu. A-t-il pesé

sur la terre, a-t-il été pour elle un fardeau, celui qui s'est dépensé avec une infatigable énergie au service de tous?

La justice! N'est-ce pas la devise de sa vie tout entière, le suprême amour de son cœur, le but et l'objet de ses constants efforts? N'est-ce pas de lui qu'on peut dire en toute vérité qu'il avait horreur de l'injustice, jusques dans ses moindres apparences?

La perfection morale! Comme il en avait le sens délicat et exquis! Avec quelle passion il en professait le culte! Avec quel zèle il en proposait l'exemple et dans sa vie publique et dans sa vie privée! Il savait que, sans la perfection morale, l'homme n'est pas digne de ce nom, la famille ne peut aspirer à l'honneur véritable, ni le pays à sa véritable gloire.

Observateur de sa parole! Il avait trop le sentiment du devoir et le respect de lui-même pour supporter seulement la pensée de manquer à la parole donnée; à plus forte raison s'indignait-il que des hommes pussent descendre assez bas pour en faire trafic! Sa parole, c'était pour lui chose sacrée; la trahir c'eût été forfaire au devoir, c'eût été commettre une odieuse profanation.

Fidèle dans ses amitiés! L'amitié, c'est la communion fraternelle des esprits et des âmes, c'est la vie du cœur. Ce fut la vie de celui que nous pleurons. Il apporta dans ses amitiés une constance et une profondeur que ceux-là seuls qui jouirent de ce bienfait peuvent apprécier et comprendre. Il savait en rehausser le prix par la sagesse de ses conseils, par l'onction de sa parole, par la sincérité de son dévouement si doux et si fort. — Pour moi, qui ai goûté le charme de ses relations affectueuses, j'en bénis Dieu! Cette amitié fut l'un des bonheurs de ma vie, l'une des meilleures grâces qu'elle ait rencontrées.

Sincère et ferme dans ses convictions! Les convictions, Messieurs! De tout temps ce fut un grand mot. A notre époque, c'est un mot plus grand que jamais. De nos jours, en effet, combien

sont-ils ceux qui ont des convictions ? Et pourtant les convictions sont la base de la vie ; elles sont les gardiennes de l'honnêteté, la vigueur des âmes, l'honneur de l'homme qui ne se laisse ébranler par aucun calcul, par aucune crainte, par aucune habileté, qui, pour tout dire en un mot, n'a d'autre règle que le devoir.

Faut-il vous le dire, Messieurs ? ce qui m'émeut en face de ce cercueil, ce qui provoque tout à la fois et mon admiration et ma douleur, c'est que j'y vois étendu pour ne plus se relever, hélas ! un *homme de conviction*.

J'admire, parce que ce spectacle est rare aujourd'hui, parce qu'il indique la vraie force morale et la vraie grandeur d'âme.

Je pleure, en pensant à la perte cruelle que font en ce moment et la famille, et le diocèse, et le pays.

Oui, c'est l'honneur de Monsieur le comte d'Auxais d'avoir eu des convictions à l'épreuve de tous les changements opérés par le temps et par les convoitises humaines.

C'est son honneur d'en avoir fait le fondement inébranlable de sa vie tout entière.

Voilà pourquoi je salue en lui l'honnête homme, l'homme du devoir. Voulez-vous, du reste, avoir le secret de cette admirable fidélité ? C'est que lui aussi pouvait dire : Je n'ai jamais regardé qu'en haut pour y lire le devoir.

Comme vous aviez raison, cher et bien-aimé Défunt ! En bas, en effet, qu'eussiez-vous trouvé, sinon des instincts et des appétits qui auraient révolté votre noble nature ? Autour de vous, qu'eussiez-vous vu, sinon de tristes conflits, les intérêts qui divisent, le choc de passions et d'amours-propres qui veulent tout ramener à soi ?

D'en haut, au contraire, descend la lumière pure, qui montre les agréments immortels du devoir, le courage qui permet d'en supporter vaillamment les épreuves.

Oui, Messieurs, il regardait en haut celui que nous pleurons : et dans la famille il se montrait homme du devoir. Dans ce sanctuaire, il présidait avec une autorité si calme, si sereine ! Il se montrait époux aux attentions si délicates, père au cœur si tendrement dévoué, maître aussi riche de douceur et de condescendance que de juste fermeté !

Il regardait en haut : et dans l'administration de cette commune de Saint-Aubin qui lui fut chère jusqu'à son dernier soupir, il veillait à tous les intérêts avec une sollicitude qui ne reculait ni devant la fatigue, ni devant les sacrifices, avec une sagesse qui prévenait les difficultés ou savait les résoudre, avec une douceur enfin qui gagnait tous les cœurs.

Il regardait en haut, dans notre Assemblée départementale : et par ses vues si judicieuses, et par la prudence de ses conseils, et par la modération de sa parole, il n'acquérait pas seulement, comme dirait Bossuet, l'estime de ceux dont il lui fallait combattre les prétentions, mais souvent même leur confiance et leur amitié.

Il regardait en haut, et à l'Assemblée Nationale et au Sénat. A ces heures de crise où il est si difficile de rester maître de soi, de n'écouter que la voix de la vérité, de ne chercher que le bien public, à ces heures où, comme dirait encore Bossuet, les esprits se troublent et se précipitent, où les cœurs incertains et inquiets se ferment, où les meilleures raisons n'ont plus de prise sur les esprits prévenus, lui n'écoutait que la voix de sa conscience, sans aucun souci de plaire aux hommes et de contenter tour à tour les partis. Sa nature délicate et bonne le portait à la conciliation ; mais le sentiment du devoir le rendait inflexible.

Et nous aussi, Messieurs, sachons, comme celui qui vient de nous quitter, regarder toujours en haut. C'est alors que, et dans la famille, et dans le pays, et dans toutes les circonstances de notre vie, nous aurons droit à ce nom d'honnête homme si sublime dans sa simplicité. Nous serons des hommes de devoir ;

nous aurons réalisé la première des gloires de notre regretté
Défunt.

Il en eut une seconde qui ne fut pas moins précieuse, parce
que si le culte du devoir fait l'honnête homme, la bonté rapproche
de Dieu dont elle est la touchante image. Ecoutez encore à ce
sujet l'orateur que j'ai déjà cité : « C'est la bonté, dit-il, qui
donne à la physionomie humaine son premier et son plus invincible charme ; c'est elle qui nous rapproche les uns des autres ;
c'est elle qui met en communication les biens et les maux et
qui est partout, du ciel à la terre, la grande médiatrice des
êtres. »

La bonté ! Voilà le secret de ce charme invincible qui rayon-
nait dans la physionomie de celui que nous perdons. Le charme,
il était empreint partout dans cette physionomie : et dans la noble
sérénité du front, et dans la douce limpidité du regard, et dans
la finesse toujours bienveillante du sourire, et dans la simplicité
si digne, si loyale, si constamment attrayante de la parole, et
dans cette distinction de la personne, et dans cet heureux ensem-
ble, en un mot, où tout séduisait et captivait les cœurs.

C'est la bonté qui nous rapproche les uns des autres.

Comme cette parole peint bien celui que la mort vient de nous
ravir ! En ces tristes jours que nous traversons, jours de divisions,
de discordes, de haines sociales, il était par son exquise bien-
veillance le trait d'union entre tant d'hommes qui ne tarderont
pas à souffrir, à souffrir cruellement de son absence.

Sa bonté, c'était avec l'honnêteté qui le caractérisait, c'était
sa force et sa puissance, puissance à laquelle on ne résistait pas.
Il y avait dans tout son être un je ne sais quoi de simple, de
doux, de prévenant qui lui ouvrait les âmes. Nul ne sentit son
étreinte, sans sentir en même temps son cœur. Or, le cœur est

au-dessus de tout : au-dessus de la science, au-dessus de l'élo-
quence, au-dessus du génie lui-même.

Voilà comment il fut, dans le milieu où l'avait placé la Pro-
vidence, une salutaire apparition de la bonté d'en haut.

Cette bonté, Messieurs, elle avait le don de se faire toute à
tous !

Pauvres qui l'avez connu, vous pourriez nous dire les richesses
de ce cœur, et les trésors de compassion, les trésors de charité
qu'il contenait !

Vous aussi qui, pendant sa vie publique, avez fait appel au
crédit dont il disposait, vous pourriez nous dire avec quelle
indulgente condescendance il accueillait toutes vos demandes,
avec quelle abnégation, quel oubli de lui-même il se mettait au
service de tous ! Qui donc ici ne connaît l'assiduité scrupuleuse
avec laquelle, malgré le souci des affaires générales, malgré la
langueur d'une santé qui déclinait chaque jour, il répondait aux
lettres si nombreuses que chaque courrier lui apportait ?

Oui, c'est de lui qu'on peut dire, avec Bossuet : Dans une si
haute capacité, dans une si belle réputation, qui jamais a remar-
qué ou sur son visage un air dédaigneux, ou la moindre vanité
dans ses paroles ? Toujours libre dans la conversation, toujours
grave dans les affaires, et toujours aussi modéré que fort et insi-
nuant dans ses discours, il prenait sur les esprits un ascendant
que la bonté lui donnait. On voyait et dans sa maison et dans sa
conduite, avec des mœurs sans reproches, tout également
éloigné des extrémités, tout mesuré par la sagesse, tout assai-
sonné par la bonté.

C'est de lui qu'on peut dire avec Lacordaire : Il y avait dans
sa bonté, outre le don de soi-même, une manière de se donner,
un charme qui déguisait le bienfait, une transparence qui per-
mettait de voir son cœur et de l'aimer.

Ah ! je comprends maintenant que cette bonté l'ait rendu si
populaire ! je comprends qu'elle lui ait conquis plus que l'estime,

qu'elle lui ait conquis la reconnaissance et l'affection ! je comprends le deuil immense qui accompagne aujourd'hui ses funérailles !

Oui, pleurez, vous qui fûtes ses amis : pleurez en lui cette bonté touchante, cette aménité, ce dévouement, ces vertus en un mot qui communiquaient à l'intimité de ses relations une saveur toujours nouvelle !

Pleurez, commune de Saint-Aubin, communes de ce Canton, communes de ce Département tout entier ; pleurez ce cœur qui, pendant une trop courte carrière, se fit si bien tout à vous, tout à vos intérêts !

Pleurez, vous tous qu'il accueillait « avec cette tranquillité de son favorable visage qui rendait le calme à vos agitations. Pleurez ces douces réponses qui apaisaient la colère, et ces paroles qu'on préfère aux dons : *Verbum melius quam datum !* »

O mon Dieu, c'est vous qui aviez donné à son regard cette bénignité, qui aviez fait ces oreilles attentives et ce cœur toujours ouvert à la vérité. Nous vous en conjurons à cette heure suprême : Ecoutez-nous pour celui qui écoutait tout le monde !

Et vous aussi, vous surtout, pleurez, famille si douloureusement frappée dans celui que vous respectiez comme votre tête et que vous aimiez comme votre cœur ! Pleurez, ô vous, compagne inconsolable, qui perdez aujourd'hui l'œil de votre œil, l'âme de votre âme, et la vie de votre vie ! Pleurez, vous, ses enfants, dont il pouvait dire en toute vérité comme la Sainte Ecriture : *diligentes me diligo*. Entre nous, c'est un égal commerce de tendresse et de dévouement ! Pleurez ce guide si éclairé, ce modèle de vertu, de dignité, d'honneur, ce père qui savait si bien vous aimer !

Pleurons tous, Messieurs, cet homme de bien, ce citoyen intègre, ce serviteur loyal et désintéressé du pays !

Consolons-nous toutefois ! Notre cher Défunt ne fut pas seulement un homme de devoir ; il fut par-dessus tout un chrétien. Chrétien pendant sa vie, il donna l'exemple, un exemple trop rare, de la fidélité à Dieu, de la fidélité à l'Eglise, de la fidélité aux pratiques religieuses. Il pratiqua sans faste, sans ostentation, mais avec cette fermeté de conviction, avec cette indépendance qui méprise les préjugés, les passions et les haines, et qui met Dieu au-dessus de tout. Aussi, quand, de son auguste main, l'immortel Pie IX attachait sur cette fière et catholique poitrine la croix de Commandeur de St-Grégoire-le-Grand, ce qu'il voulait récompenser avant tout, c'était la sincérité de l'esprit chrétien !

Chrétien pendant sa vie, il ne fut pas surpris quand la mort vint frapper à sa porte. La mort, comme il le déclarait lui-même au médecin appelé à son chevet, la mort avait affaire « *à un homme et à un chrétien* ». Avec le calme d'une conscience limpide et d'une foi entière, il envisageait la mort dans une intrépide assurance. « Je ne la crains pas », disait-il en souriant. Il craignait beaucoup plus la douleur et le déchirement des siens. En pleine possession de lui-même, il veut recevoir les sacrements et avec les sacrements la force pour les derniers combats. Il veut mourir dans la paix d'une âme unie complètement à son Dieu. Son Dieu ! Avec quels accents de confiance invincible il l'appelait à son secours au milieu de souffrances intolérables mais héroïquement supportées ! Avec quelle confiance il l'appelait à son secours au milieu des angoisses comprimées de son cœur pour dissimuler à ceux qu'il aimait tant, à ceux dont les soins si délicatement dévoués provoquaient de sa part une reconnaissance si affectueusement exprimée, il l'appelait à son secours pour dissimuler de son mieux l'approche du terme fatal !

Ainsi, parmi les tortures de la maladie, dans les étreintes suprêmes de l'agonie, s'épurait comme dans un feu cette âme si virilement chrétienne. Ainsi à mesure qu'achevait de s'user l'enveloppe mortelle, cette âme se dégageait et se transfigurait : elle n'avait plus qu'à déployer ses ailes.

Vous l'avez reçue, ô mon Dieu, dans votre miséricorde, cette âme qui nous fut, qui nous reste si chère. Son amour du devoir, sa bonté, sa foi, ses souffrances plaideront éloquemment sa cause devant votre Justice. Votre serviteur fidèle entendra de vos lèvres l'invitation aux joies du Paradis.

Vous verserez sur les cœurs broyés par l'amère séparation le baume de votre grâce, de votre grâce qui console, de votre grâce qui fortifie, de votre grâce qui donne au milieu de l'épreuve la plus horrible, la résignation, le calme et la sérenité.

Pour nous, Messieurs, nous puiserons dans la dignité de cette vie et dans le spectacle de cette fin si vaillante une grande et précieuse leçon.

En même temps que notre mort vénéré laisse à ses petits enfants un héritage qui leur sera fidèlement transmis et qu'ils tiendront plus tard à honneur de garder religieusement, nous aussi nous voudrons mettre à profit de tels exemples. Comme celui qu'un trop précoce trépas nous ravit, nous ferons du devoir, du devoir envers Dieu, du devoir envers l'Eglise, du devoir envers le pays, du devoir envers nous-mêmes, la loi de notre vie.

Nous combattrons cet égoïsme, qui nous est trop naturel, pour cultiver la bonté, pour faire du bonheur des autres notre propre bonheur.

Nous nous souviendrons de notre cher Défunt et nous travaillerons à continuer dans cette paroisse, dans cette contrée qu'il aima passionnément, la foi qui fit sa force et sa grandeur. Comme lui, nous serons des hommes ; comme lui, nous serons des chrétiens. C'est ainsi que nous ferons revivre ses vertus, que nous perpétuerons sa mémoire, une mémoire à l'abri de tout reproche, une mémoire en bénédiction.

In memoria æterna erit justus; ab auditione mala non timebit.

Coutances. — Imp. de SALETTES, libraire.

20